BEI GRIN MACHT SICH IHR
WISSEN BEZAHLT

- Wir veröffentlichen Ihre Hausarbeit,
  Bachelor- und Masterarbeit

- Ihr eigenes eBook und Buch -
  weltweit in allen wichtigen Shops

- Verdienen Sie an jedem Verkauf

Jetzt bei www.GRIN.com hochladen
und kostenlos publizieren

Lisa Müller

Lineare Funktionen. Übungszirkel Mathematik 8. Klasse Realschule

GRIN Verlag

Bibliografische Information der Deutschen Nationalbibliothek:

Die Deutsche Bibliothek verzeichnet diese Publikation in der Deutschen National-
bibliografie; detaillierte bibliografische Daten sind im Internet über http://dnb.d-
nb.de/ abrufbar.

Impressum:

Copyright © 2013 GRIN Verlag GmbH
Druck und Bindung: Books on Demand GmbH, Norderstedt Germany
ISBN: 978-3-656-57452-1

Dieses Buch bei GRIN:

http://www.grin.com/de/e-book/266699/lineare-funktionen-uebungszirkel-mathe-
matik-8-klasse-realschule

GRIN - Your knowledge has value

Der GRIN Verlag publiziert seit 1998 wissenschaftliche Arbeiten von Studenten, Hochschullehrern und anderen Akademikern als eBook und gedrucktes Buch. Die Verlagswebsite www.grin.com ist die ideale Plattform zur Veröffentlichung von Hausarbeiten, Abschlussarbeiten, wissenschaftlichen Aufsätzen, Dissertationen und Fachbüchern.

Besuchen Sie uns im Internet:

http://www.grin.com/

http://www.facebook.com/grincom

http://www.twitter.com/grin_com

Lerngruppe: 8a

Fach: Mathematik

Thema der Unterrichtseinheit:

Lineare Funktionen

Ziel der Unterrichtseinheit:

Siehe Zielsetzung der Stunde.

Thema der Stunde:

Übungszirkel zum Thema Lineare Funktionen (Übung für die Klassenarbeit)

Zielsetzung der Stunde:

Die Schülerinnen und Schüler üben, wiederholen, festigen und vertiefen das Thema „Lineare Funktionen" innerhalb eines Übungszirkels, indem die Schülerinnen und Schüler

- …funktionale Zusammenhänge (proportional, linear) erkennen, beschreiben und diese in sprachlicher, tabellarischer und grafischer Form darstellen.
- …unterschiedliche Darstellungen funktionaler Zusammenhänge analysieren, interpretieren und vergleichen .
- …kennzeichnende Merkmale von Funktionen bestimmen und Zusammenhänge zwischen verschiedenen Funktionen herausstellen.
- ……lösen realitätsnahe Probleme im Zusammenhang mit linearen Funktionen.

Inhaltsbezogener Kompetenzbereich:

Funktionaler Zusammenhang: Die Schülerinnen und Schüler analysieren und formalisieren inner- und außermathematische Situationen unter funktionalem Aspekt. (vgl. KC, S. 32)

Prozessbezogener Kompetenzbereich:

Darstellen (vgl. KC, S. 22) und Modellieren (vgl. KC, S. 14).

Inhaltsbezogene Teilschritte zur Kompetenzerweiterung:

Die Schülerinnen und Schüler…

Station „Der Funktionsbegriff"

- …erläutern den Funktionsbegriff anhand grafischer Zuordnungen, Zuordnungen aus dem Alltag und in Form einer Gleichung und überlegen sich Beispiele für Zuordnungen aus ihrer Lebenswelt.

Station „Graphen zeichnen"

- …zeichnen Graphen anhand gegebener Werte (Punkte, y-Achsenabschnitt, Parallelität).
- …zeichnen den Graphen aus einer Funktionsgleichung mit Hilfe des y-Achsenabschnitts und des Steigungsdreiecks.
- …benennen Eigenschaften eines Graphen (pos./neg. Steigung, Ursprung, Parallelität) anhand

einer Funktionsgleichung.

- ...analysieren Fehler beim Zeichnen von Graphen aus einer Funktionsgleichung.

Station „Funktionsgleichung erstellen I"

- ...bestimmen die Parameter m und b einer Funktionsgleichung.
- ...lesen und werten grafische Darstellungen aus und bestimmen die zugehörige Funktionsgleichung anhand des y-Achsenabschnitts und des Steigungsdreiecks.
- ...erfassen den Zusammenhang zwischen dem Verlauf eines Graphen und der zugehörigen Funktionsgleichung.
- ...untersuchen verschiedene Graphen auf Gemeinsamkeiten und Unterschiede und begründen diese anhand ihrer Eigenschaften und Merkmale (Steigung, linear/proportional).

Station „Funktionsgleichung erstellen II"

- ...überprüfen rechnerisch (Punktprobe), ob ein gegebener Punkt auf einem Graphen liegt, indem sie diesen in die Funktionsgleichung einsetzen und überprüfen, ob eine wahre oder falsche Aussage vorliegt.
- ...errechnen die fehlende Koordinate eines Punktes durch Einsetzen in die Funktionsgleichung und lösen der Gleichung.
- ...setzen sich innerhalb des Themas Funktionen mit dem Lösen von Gleichungen auseinander, um die Funktionsgleichung aus zwei gegebenen Werten (Parameter m und b oder Punkte) zu erstellen.

Station „Modellieren"

- ...lösen realitätsnahe Probleme im Zusammenhang mit linearen und proportionalen Zuordnungen.

Prozessbezogene Teilschritte zur Kompetenzerweiterung:

Die Schülerinnen und Schüler...

- ...entnehmen Informationen aus Grafiken sowie längeren Texten.
- ...ordnen Informationen aus verschiedenen Darstellungen einander zu.
- ...erstellen umfangreichere Darstellungen.
- ...unterstützen sich gegenseitig bei der Arbeit am Übungszirkel (Sozialkompetenz).

Stellung der Stunde in der Einheit:

Stunde	Thema der Stunde	Ziel der Stunde *Die Schülerinnen und Schüler...*
1. Stunde	Zuordnungen und Funktionen (Funktionsbegriff)	...wissen, dass eine eindeutige Zuordnung, bei der jeder Eingabegröße genau eine Ausgabegröße zugeordnet wird, als Funktion bezeichnet wird. ...können Funktionen anhand einer Sachsituation oder eines Graphen erkennen.
2.-3. Stunde	Funktionsvorschrift, Wertetabelle, Graphen	...verwenden die verschiedenen Darstellungsformen (Term/Funktionsvorschrift, Wertetabelle und Graph) um

		Funktionen darzustellen.
4.-6. Stunde	Proportionale Funktionen	...können proportionale Funktionen verbal beschreiben (Ursprungsgerade) und grafisch, symbolisch und numerisch darstellen. ...verwenden das Steigungsdreieck (Steigung m).
7.-8. Stunde	Lineare Funktionen	...setzen proportionale Funktion mit linearen Funktionen in Beziehung. ...können lineare Funktionen verbal beschreiben (y=mx+b) und grafisch und symbolisch darstellen. ...setzen den y-Achsenabschnitt b ein.
9. Stunde	Punktprobe	...können eine Punktprobe durchführen, um zu überprüfen, ob ein Punkt auf einem Graphen liegt.
10. Stunde	Funktionsgleichungen und Gleichungen lösen	...setzen sich innerhalb des Themas Funktionen mit dem Lösen von Gleichungen auseinander, um die Funktionsgleichung aus zwei gegebenen Werten (Parameter m und b oder Punkte) rechnerisch zu erstellen.
11.-12. Stunde	Sachaufgaben/ Modellieren	...können Sachaufgaben mit Hilfe von linearen Funktionen grafisch und rechnerisch bestimmen (Modellieren).
13.-16.Stunde 14.Stunde	**Übungszirkel**	Die Schülerinnen und Schüler üben, wiederholen, festigen und vertiefen das Thema „Lineare Funktionen" innerhalb eines Übungszirkels.

1. Lerngruppe und Rahmenbedingungen

2. Sachanalyse

Durch Funktionen werden Zusammenhänge zwischen Größen beschrieben. Dabei wird einer ersten Größe eine zweite Größe zugeordnet, so dass die zweite Größe abhängig von der ersten ist. Durch Funktionen wird erfasst, wie sich Änderungen der ersten Größe auf die abhängige Größe auswirken.

Definition Funktionsbegriff: Seien A und B nicht-leere Mengen. Ordnet man jedem Element x ϵ A genau ein Element y ϵ B zu, dann heißt diese Zuordnung eine Funktion oder Abbildung von A in B. Eine Funktion f(x) mit f(x) = $a_1 x + a_0$ und $a_1 \epsilon \mathbb{R}$, $a_0 \epsilon \mathbb{R}$ heißt ganzrationale Funktion 1. Grades oder lineare Funktion. Der Grad der Funktion wird durch den höchsten Exponenten von x (hier also 1, denn x = x^1) bestimmt. Der Koeffizient a_1 steht für m (Steigung) und a_0 steht für b (y-Achsenabschnitt). Das Schaubild/der Graph (Menge der Punkte (x | f(x)) in der x, y Ebene) einer linearen Funktion stellt eine Gerade dar. Das Steigungsdreieck ist ein rechtwinkliges Dreieck für das gilt:

Steigung = m = $\frac{Gegenkathete}{Ankathete}$ = tab (α)   Der Winkel α wird auch Steigungswinkel genannt.

Die Steigung (Parameter m) eines Graphen einer linearen Funktion f(x) = $a_1 x + a_0$, der durch die Punkte P_1 (x_1 | y_1) und P_2 (x_2 | y_2) verläuft, wird durch den Koeffizienten a_1 bestimmt. Kurzform:

Steigung = m = $\frac{y_2 - y_1}{x_2 - x_1}$ = tan (α)

Somit kann aus zwei gegebenen Punkten einer Geraden, die Steigung m berechnet werden. Ist m > 0, so steigt die Gerade. Ist m < 0, dann liegt eine fallende Gerade vor. Besitzen zwei Graphen die gleiche Steigung, so verlaufen sie parallel zueinander.

Die x-Werte aller Punkte, die auf der y-Achsen liegen, haben den Wert x = 0. Der Schnittpunkt mit der y-Achse (Parameter b) kann also für alle linearen Funktionen der Form $f(x) = a_1x + a_0$ direkt aus der Funktionsgleichung abgelesen werden $\rightarrow P_y (0 \mid a_0)$. Verläuft der Graph durch den Ursprung $P_y (0 \mid 0)$, so liegt eine proportionale Funktion vor. Die y-Werte aller Punkte, die auf der x-Achse liegen, haben den Wert y = 0. Der Schnittpunkt mit der x-Achse (Nullstelle) kann also errechnet werden, da $P_x (x \mid 0) \rightarrow f(x) = 0$ wegen $P (x \mid f(x))$.[1]

3. Didaktische Reduktion

Eine didaktische Reduktion findet dadurch statt, dass der die Funktionsgleichung nicht in der Form $f(x) = a_1x + a_0$ eingeführt wurde, sondern in der vereinfachten Darstellung y = mx +b. Außerdem wurde der Schnittpunkt eines Graphen mit der x-Achse nicht als Nullstelle bezeichnet.

4. Didaktischer Begründungszusammenhang

Funktionale Zusammenhänge bilden einen Schwerpunkt in den Lehrplänen des Faches Mathematik, da der Begriff wesentlicher Bestandteil nahezu aller mathematischen Bereiche ist. Im *Kerncurriculum* des Faches Mathematik lässt sich das Thema *Lineare Funktionen* in den Kompetenzbereich *Funktionaler Zusammenhang* einordnen: Die Kompetenz, inner- und außermathematische Situationen unter funktionalem Aspekt zu analysieren und formalisieren, ist hier verankert.[2]

Auch in der Lebenswelt der SuS lassen sich funktionale Zusammenhänge aufweisen: Seit der ersten Klassen gehört zu jedem Unterrichtsfach ein bestimmter Lehrer. Einer bestimmten Tageszeit wird genau eine Temperaturwert zugeordnet. Der zukünftige Alltag der SuS wird durch funktionale Zusammenhänge gesteuert: Ob das nun die Höhe der Stromrechnung in Abhängigkeit vom Stromverbrauch ist oder die Geschwindigkeit eines Fahrzeugs. Die Schülerinnen und Schüler sollen lernen das Graphen ein sinnvolles Instrument der Naturwissenschaften sind. Graphen beschreiben Zusammenhänge (Vergleich von Telefonanbietern)[3] und können vorhersagenden Charakter haben (Aktien). Abhängigkeiten, Zuordnungen oder Zusammenhänge könne uns nutzen zweckmäßiger und effizienter zu handeln. Zudem sind sie eine übersichtliche Darstellungsform in der Mathematik. In ihrem späteren Leben werden sie des Öfteren mit Schaubildern konfrontiert. Nicht nur in den höheren Klassenstufen, sondern auch in den Medien (Zeitungen) spielen Schaubilder eine wichtige Rolle. Sie zeigen Zusammenhänge verschiedener Faktoren an und wie diese den Verlauf beeinflussen. Der Schüler lernt den Graph zu „lesen", d. h. er beobachtet den Verlauf und kann somit Zusammenhänge erklären und nachvollziehen.[4]

Der Lernstoff *lineare Funktionen* ist innermathematisch relevant, da es eine Grundlage für verwandte Themen in höheren Klassenstufen bildet. Neben der Betrachtung von linearen Funktionen werden

---

1 vgl. http://www.math.uni-augsburg.de/prof/dida/Lehre/Algebra/Funktionen/
2 vgl. KC, S. 32
3 siehe Station Modellieren.
4 siehe Station Graphen zeichnen und Funktionsgleichung erstellen I.

weitere *Funktionstypen (Phase 4)* eingeführt (quadratische Funktionen). *Funktionen und Relationen (Phase 5)* werden durch das Wurzelziehen (Umkehrfunktion des Quadrierens) behandelt. Anschließend wird mit *Funktionen operiert (Phase 6)*, indem verschiedene Funktionen miteinander verknüpft werden. Eine *Erweiterung (Phase 7)* findet durch die Themen Potenz- und Exponentialfunktion, Logarithmusfunktion und trigonometrische Funktion statt.[5] Auch in den Fächern Physik und Erdkunde werden Abhängigkeiten mit Hilfe von Funktionen dargestellt.

5. Aufgabenanalyse[6]

In dem Übungszirkel zum Thema „Lineare Funktionen" geht es: um das Erkennen und Beschreiben von funktionalen Zusammenhängen (insbesondere proportional und linear), um das Darstellen dieser in sprachlicher, tabellarischer und grafischer Form, um das Analysieren, Interpretieren, Vergleichen von unterschiedlichen Darstellungen funktionaler Zusammenhänge, um das Bestimmen kennzeichnender Merkmal von Funktionen und das Herausstellen von Zusammenhängen zwischen verschiedenen Funktionen. Da es im Übungszirkel vor allem darum geht Begriffe, Regeln und Verfahren zu üben und zu festigen, gibt es sowohl geschlossene wie offen Aufgabenformate. Der Schwierigkeitsgrad nimmt somit innerhalb einer Station von Aufgabe zu Aufgabe zu, aber auch innerhalb der einzelnen Aufgaben (Veränderung der Zahlbereiche, Vorzeichen).

In der Station „Der Funktionsbegriff" wird vor allem die verbale Darstellungsform geschult. Die SuS sollen anhand verschiedener grafischer Zuordnungen, Zuordnungen aus dem Alltag oder in Form einer Gleichung den Funktionsbegriff erläutern. Dabei unterscheiden sie zwischen *Funktion* und *keine Funktion* und teilweise zwischen proportional und linear (Aufgabe[7]2). Es sind vor allem Begründungsaufgaben und eine Umkehraufgabe (A4). Diese Station ist „wichtig, um einer Untergeneralisierung bei der Begriffsbildung durch die Verwendung nichtlinearer Graphen vorzubeugen."[8]

Die grafische Darstellung durch einen Funktionsgraph wird in Station „Graphen zeichnen" behandelt. Zunächst wird das einfache Einzeichnen wiederholt (A1). Der Übergang von der Funktionsgleichung zum Graphen mit Hilfe des Steigungsdreiecks (A2,A4) fördert das Visualisieren. Zudem setzen sie sich intensiver mit der Funktionsgleichung auseinander und stellen Vermutungen über deren grafischen Verlauf an, d.h. sie beschäftigen sich mit den Eigenschaften von Graphen (positive bzw. negative Steigung, proportional oder linear, Parallelität) (A3). Außer geschlossenen Aufgaben zur Übung von Fertigkeiten (A1,A2), bietet diese Station eine Begründungsaufgabe (A3) sowie eine Aufgabe zur Förderung des Analysierens von Fehlern (A4).

In der Station „Funktionsgleichung erstellen I" geht es um die symbolische Darstellungsform der Funktionsgleichung. Die SuS lesen und werten grafische Darstellungen aus (A2-4). Zur Einführung sollen die Parameter m und b aus einer Funktionsgleichung abgelesen werden (A1). Diese Aufgabe dient vor allen den SuS, die die Station „Graphen zeichnen" noch nicht bearbeitet haben. Neben den beiden geschlossenen Aufgaben (A1,A2) gibt es eine Begründungsaufgabe (A4), in der die SuS sich wie

---

5 vgl. Vollrath 1994. Fortführung siehe Lernausgangslage.
6 siehe Sachanalyse.
7 im Folgenden mit A abgekürzt.
8 Dedlmar. Serviceband. K 27.

in Station „Graphen zeichnen" (A3) mit den Eigenschaften und Zusammenhängen von Graphen beschäftigen. Diesmal lesen sie dies jedoch aus dem Graphen und nicht der Funktionsgleichung ab.

Die symbolische Darstellungsform findet sich auch in der Station „Funktionsgleichung erstellen II", wobei hier nicht das Ablesen einer Funktionsgleichung aus einem Graphen, sondern das Erstellen über rechnerische Verfahren, behandelt wird. Somit setzen sich die SuS innerhalb des Themas Funktionen mit dem Lösen von Gleichungen auseinander.

In der Station „Modellieren" lösen die SuS realitätsnahe Probleme im Zusammenhang mit linearen und proportionalen Zuordnungen. Ausgangspunkt ist eine Alltagssituation, in der ein sehr einfaches mathematisches Modell zur Lösung genügt.

In der Zusatzaufgabe sollen die SuS das „Fuktions-Domino" spielen. Dies kann sowohl in Einzel-, Partner- wie auch Gruppenarbeit gespielt werden und bietet damit die Möglichkeit zur Förderung der Sozial- und Kommunikationskompetenz.

Differenzierung

Als Differenzierung dienen die Wahlaufgaben sowie die Sternchenaufgabe beim Modellieren. Die SuS können selbst entscheiden, welche und wie viele zusätzeliche Wahlaufgaben sie bearbeiten. Außerdem findet ein Differenzierung durch die Tippkarten statt.

6. Lernausgangslage

Die SuS haben bereits vielfältige Erfahrungen mit funktionalen Zusammenhängen gemacht. Schon in der Grundschule beginnt das Denken in Funktionen, wenn die SuS Muster in Zahlenreihen erkennen und diese fortsetzen. Auch in den Klassen 5-7 wurde die *Vermittlung von Grunderfahrungen (Phase 1)* im Umgang mit Zuordnungen und Abhängigkeiten zwischen Größen vermittelt. Also die intuitive Verwendung von Zuordnungen und funktionalen Zusammenhängen, die in Schaubildern/Graphen, Wertetabellen und Zuordnungsvorschriften dargestellt werden bzw. aus ihnen herausgelesen wird. Rechenschemata in Form von Termen werden entwickelt. Im 7. Schuljahr werden die erlangten Grundkenntnisse bei den proportionalen und umgekehrt proportionalen Zuordnungen zusammengefasst und vertieft. Ausgegangen wird dabei von verschiedenen Darstellungsformen dieser Abhängigkeiten, die aus dem alltäglichen Leben bekannt sind. Auch die *Entdeckung von Funktionseigenschaften (Phase 2)* findet in Klasse 7 statt, wie Proportionalität und Antiproportionalität. Beide Eigenschaften werden im Rahmen von Zuordnungen betrachtet, also bevor Funktionen explizit eingeführt werden.

In Klasse 8 geht es vor allem um das *Aufdecken von Zusammenhängen (Phase 3)*. Durch die Einführung des Funktionsbegriffs wird das Gemeinsame und Wesentliche der vielen unterschiedlichen Beispiele funktionaler Zusammenhänge der vorherigen Klassenstufen hervorgehoben und vernetzt. Die auch schon in Klasse 7 behandelte und zu diesem Zeitpunkt noch als Zuordnung bezeichnete proportionale Funktion wird unter diesem Gesichtspunkt erneut behandelt und systematisiert. Wichtige Eigenschaften der linearen Funktionen werden erarbeitet und gegen die proportionalen Zuordnungen abgegrenzt.[9] Neben der grafischen Veranschaulichung und der Wertetabelle bekommt die Funktionsgleichung ein größeres Gewicht als Darstellung von Funktionen. Insbesondere das Erkennen von Funktionseigenschaften anhand von Graph und Funktionsterm ist von Bedeutung. Aus diesem Grund werden die Wertetabellen im Übungszirkel nicht behandelt. Weiterhin erforderlich für das Arbeiten

---

9 vgl. Dedlmar. Serviceband. K 27.

im Übungszirkel sind Kenntnisse über Gleichungen lösen sowie der Umgang mit rationalen Zahlen. Einige wenige Aufgaben verlangen das Rechnen mit irrationalen Zahlen. Da die Lerngruppe eher leistungsschwach ist, soll die Umwandlung innerhalb der Zahlenbereiche nicht im Vordergrund stehen.[10] Das Arbeiten in einem Übungszirkel ist den SuS bekannt, da dieser vor jeder Klassenarbeit als Übung und Festigung der Lerninhalte dient. Neu innerhalb dieser Methode sind die Reflexion und Bewertung der einzelnen Stationen sowie die Tippkarten. Da diese jedoch nur zur Verbesserung und Erleichterung der Methode führt, sollte dies kein Problem für die SuS darstellen. Das Anfangsritual „Aufgabenkartei" wurde erst in dieser Woche eingeführt und könnte daher Fragen aufwerfen.

7. Methodischer Begründungszusammenhang

Durch das *Anfangsritual* „Aufgabenkartei"[11] wiederholen die SuS verschiedene mathematische Themenbereiche aus den vorangegangenen Schuljahren. Ein motivierender Einstieg, der die SuS geistig auf den Mathematikunterricht vorbereitet.

Im *Einstieg* erläutert die Lehrkraft noch einmal die wichtigsten Regeln und Punkte für die Arbeit am Übungszirkel anhand eines Plakates. Da der Übungszirkel in der letzten Stunde eingeführt wurde, sind hier keine weiteren Erklärungen nötig. Alternativ hätten die SuS die wichtigsten Punkte wiederholen können. Da jedoch die Schüleraktivierung in den folgenden Phasen gegeben ist und es mehr Zeit beanspruchen würde, wird hier darauf verzichtet.

Um die Lerninhalte der letzten Stunden zu festigen, muss das Gelernte eingeübt werden, dabei sollte es in verschiedenen Kontexten wiederholt und mit anderen Aspekten vernetzt werden.[12] Dies passiert in der *Erarbeitungsphase*. Hier arbeiten die SuS an dem Übungszirkel, geeignet zur Übung, Festigung, Wiederholung und Vertiefung von Lerninhalten, weiter. Eine Methode der Stationenzirkels, welche den „Anspruch hat, die Auseinandersetzung mit einem Thema durch verschiedene Materialien und Aufgabenstellungen vielfältig anzuregen und möglichst viele Sinne oder Aspekte anzusprechen."[13] Das Thema *Funktionen* eignet sich besonders für die Methode des Übungszirkels, da hier verschiedene Darstellungsformen, Grundvorstellungen und Anwendungen zur Sprache kommen.[14] „Lernende können bei der Auseinandersetzung mit diesen vielen Facetten eines Themas individuelle Lernwege beschreiten und eigene Schwerpunkte setzen. Stationenzirkel fördern und fordern daher die Fähigkeit, den eigenen Lernprozess zu organisieren."[15]

Um dieses zu fördern sowie individuelle Leistungsdefizite und -stände für SuS und Lehrer überprüfbar zu machen, findet der Übungszirkel vorwiegend in Einzelarbeit statt. Ausschließlich die Zusatzaufgabe verlangt Partnerarbeit. Die Förderung der sozialen Kompetenz findet innerhalb des Übungszirkels statt, sobald die SuS sich gegenseitig helfen und unterstützen. Alternative zu den vorbereiteten Arbeitsblättern, hätte man Aufgaben aus dem Schulbuch wählen können. Um die verschiedenen Facetten und Aufgabenstellungen eines Übungszirkels zu sichern, wurden aus verschiedenen Mathematikschulbüchern Aufgaben zusammengestellt und auf die Lerngruppe angepasst. Durch auf

---

10 siehe Lerngruppenbeschreibung.
11 vgl. Barzel, Büchter, Leuders. 2007. S. 198f.
12 vgl. Blum. 2006. S. 92.
13 vgl. Barzel, Büchter, Leuders. 2007. S. 207.
14 vgl. vgl. Barzel, Büchter, Leuders. 2007. S. 202-203.
15 ebd. S. 198.

dem Tisch befindliche Lösungsblätter, wird die Selbstkontrolle der SuS gefördert. Jeder SuS erhält einen Laufzettel zur Übersicht und Organisation des Übungszirkels sowie zur Einschätzung des eigenen Leistungsstands. Auf dem Tisch befindliche Bewertungen für die einzelnen Aufgaben, machen es der Lehrkraft möglich, nicht verstandene Lerninhalte in der nächsten Stunde noch einmal aufzugreifen. Die *Sicherungsphase* findet in Form eines *Unterrichtsgespräches* statt. Dadurch hat der Lehrer die Möglichkeit ins Unterrichtsgeschehen einzugreifen, um wichtige Zusammenhänge zu verdeutlichen, die Bedeutung von Einzelergebnissen hervorzuheben, auf relevante mathematische Begriffe aufmerksam zu machen sowie weiterführende Anregungen zu geben.[16]

Literaturverzeichnis

Barzel, B.; Büchter, A.; Leuders, T.: Mathematik Methodik. Handbuch für die Sekundarstufe I und II. Cornelson. Berlin 2007. S. 198 f.

Blum, Werner et al.: Bildungsstandards Mathematik: konkret. Sekundarstufe I: Aufgabenbeispiele, Unterrichtsanregungen, Fortbildungsideen. Cornelson. Berlin 2006.

Dedlmar, Rainer et al. Schnittpunkt Mathematik 8. Mathematik für Realschulen Niedersachsen. Serviceband. Ernst Klett Verlag, Stuttgart 2007

Niedersächsisches Kultusministerium (NK): Kerncurriculum für die Realschule. Schuljahrgänge 5-10 Mathematik.

Vollrath, H.-J., Algebra in der Sekundarstufe. Wissenschaftsverlag. Mannheim 1994.

http://www.math.uni-augsburg.de/prof/dida/Lehre/Algebra/Funktionen/

Schulbücher

Borneleit, P; Winter, M.: Interaktiv Mathematik 8. Orientierungswissen für Schülerinnen und Schüler. Realschule. Cornelson. Berlin 2009.

Maroska, Rainer et al. Schnittpunkt 8. Mathematik für Realschulen Niedersachsen. Ernst Klett Verlag, Stuttgart 2007.

Kahle, Dr. D.; Lörcher, Dr. G.: Querschnitt. Mathematik 8 Niedersachsen. Westermann, Braunschweig 2004.

Schröder, M.; Wurl, B.; Wynands, A.: Faktor 8. Mathematik Realschule Niedersachsen. Schroedel, Hannover 2001.

ANHANG
Plakat

Übungszirkel

- Zeit: insgesamt 4 Stunden (zweimal 19.12, 20.12, 07.01.)
  - Teile dir deine Zeit gut ein! Gib dir selber **Hausaufgaben** auf!

---

16 vgl. Blum S. 91.

- Bearbeite alle **Pflicht- und Wahlaufgaben**!
- Wenn du eine Aufgabe nicht verstehst oder eine Frage hast, frage zuerst deine Mitschüler an der Station um Hilfe.
- Wenn dir niemand weiterhelfen kann, benutzt du die Tippkarten.
- Fallen dir bestimmte Regeln oder Sätze nicht ein? Schlage in deinem Regelheft oder im Schulbuch auf S. 73 nach.
- Zur Kontrolle deiner Ergebnisse liegen an jeder Station Lösungsblätter.
- Wenn du mit einer Aufgabe fertig bist, fülle deinen **Laufzettel** aus und den **Bewertungszettel**, der an der Station liegt.

Laufzettel   Name:_____

Station „Der Funktionsbegriff"

Aufgabe	Erledigt	Kann ich sehr gut!	Nochmal üben!	Versteh ich nicht!	Bemerkung
1					
2					
3					
4					

Station „Graphen zeichnen"

Aufgabe	Erledigt	Kann ich sehr gut!	Nochmal üben!	Versteh ich nicht!	Bemerkung
1					
2					
3					
4					

Station „Funktionsgleichung erstellen I"

Aufgabe	Erledigt	Kann ich sehr gut!	Nochmal üben!	Versteh ich nicht!	Bemerkung
1					
2					
3					
4					

Station „Funktionsgleichung erstellen II"

Aufgabe	Erledigt	Kann ich sehr gut!	Nochmal üben!	Versteh ich nicht!	Bemerkung
1					
2					
3					

Station „Modellieren"

Aufgabe	Erledigt	Kann ich sehr gut!	Nochmal üben!	Versteh ich nicht!	Bemerkung
1					
2					
3					

Bewertung Station „Der Funktionsbegriff"

Aufgabe	Ich konnte die Aufgabe ohne Probleme lösen.	Ich brauchte Hilfe von meinen Mitschülern.	Ich habe Tippkarten verwendet.	Ich habe die Aufgabe gar nicht verstanden.
1				
2				
3				
4				

Bewertung Station „Graphen zeichnen"

Aufgabe	Ich konnte die Aufgabe ohne Probleme lösen.	Ich brauchte Hilfe von meinen Mitschülern.	Ich habe Tippkarten verwendet.	Ich habe die Aufgabe gar nicht verstanden.
1				
2				
3				
4				

Bewertung Station „Funktionsgleichung erstellen I"

Aufgabe	Ich konnte die Aufgabe ohne Probleme lösen.	Ich brauchte Hilfe von meinen Mitschülern.	Ich habe Tippkarten verwendet.	Ich habe die Aufgabe gar nicht verstanden.
1				
2				
3				
4				

Bewertung Station „Funktionsgleichung erstellen II"

Aufgabe	Ich konnte die Aufgabe ohne Probleme lösen.	Ich brauchte Hilfe von meinen Mitschülern.	Ich habe Tippkarten verwendet.	Ich habe die Aufgabe gar nicht verstanden.
1				
2				
3				

Bewertung Station „Modellieren"

Aufgabe	Ich konnte die Aufgabe ohne Probleme lösen.	Ich brauchte Hilfe von meinen Mitschülern.	Ich habe Tippkarten verwendet.	Ich habe die Aufgabe gar nicht verstanden.
1				
2				
3				

Tippkarte

Station „Der Funktionsbegriff"

Aufgabe 3

Merksatz „Jedem x-Wert (Eingabegröße) wird genau ein y-Wert (Ausgabegröße) zugeordnet."

Beispiel: Uhrzeit → Temperatur

Tippkarte

Station „Graphen zeichnen"

Aufgabe 1

Zeichne zuerst die gegebenen Punkte oder Graphen ein.

Tippkarte

Station „Funktionsgleichung erstellen I"

Aufgabe 1

Funktionsgleichung: y = m*x + b

Tippkarte

Station „Der Funktionsbegriff"

Aufgabe 2

Funktionsgleichung: y = m*x + b

Tippkarte

Station „Graphen zeichnen"

Aufgabe 2

Zeichne zuerst den y-Achsenabschnitt ein.

Verwende dann das Steigungsdreieck.

Tippkarte

Station „Graphen zeichnen"

Aufgabe 4

Zeichne selber die Graphen und vergleiche sie anschließend mit Janas Ergebnissen.

Tippkarte

Station „Der Funktionsbegriff"

Aufgabe 1

Merksatz „Jedem x-Wert (Eingabegröße) wird genau ein y-Wert (Ausgabegröße) zugeordnet."

Beispiel: Uhrzeit → Temperatur

Tippkarte

Station „Der Funktionsbegriff"

Aufgabe 4

Versuche erst Zuordnungen aus dem Alltag zu finden.

Tippkarte

Station „Graphen zeichnen"

Aufgabe 3

Zeichne die Graphen in ein Koordinatensystem ein.

Tippkarte
Station „Funktionsgleichung erstellen I"
Aufgabe 4
Welche Eigenschaften können Graphen haben? In welcher Beziehung können Graphen zueinander stehen?

Tippkarte
Station „Funktionsgleichung erstellen II"
Aufgabe 3
Stichwort: Gleichungen lösen!

Tippkarte
Station „Modellieren"
* Aufgabe 3
Versuche eine Funktionsgleichung für die jeweiligen Fahrten aufzustellen.

Tippkarte
Station „Funktionsgleichung erstellen I"
Aufgabe 3
Überlege zuerst, woran du erkennen kannst, ob ein Graph eine positive oder negative Steigung hat.

Tippkarte
Station „Funktionsgleichung erstellen II"
Aufgabe 2
Einsetzen!

Tippkarte
Station „Modellieren"
Aufgabe 2
Welche Angabe könnte die Steigung, welche der y-Achsenabschnitt sein?

Tippkarte
Station „Funktionsgleichung erstellen I"
Aufgabe 2
Ermittle den y-Achsenabschnitt b.
Ermittle mit Hilfe des Steigungsdreiecks die Steigungs m.

Tippkarte
Station „Funktionsgleichung erstellen II"
Aufgabe 1
Trage die x- und y-Werte der Punkte in die Funktionsgleichungen ein.

Tippkarte
Station „Modellieren"
Aufgabe 1
Was ist gegeben? Wie könnte man dies in einer Funktionsgleichung darstellen?

Verlaufsübersicht

Zeit	Phase	Unterrichtsgeschehen	Methodisch-didaktischer Kommentar	Sozialform	Material
09.40 – 09.43 Uhr		• Begrüßung und Vorstellung der Gäste			
09.43 – 09.48 Uhr	Einstieg	• L hängt Plakat Übungszirkel auf und weist noch einmal auf die wichtigsten Punkte hin (2. von 4 Stunden, Ausfüllen von Bewertungszettel und Reflexion, Zeit bis 10.15Uhr) • SuS führen das Ritual Aufgabenkartei durch	Durch das Plakat wird der Stundenverlauf sowie das Stundenziel für die SuS transparent. Durch das Ritual werden mathematische Themenbereiche wiederholt.	Frontalunterricht	Plakat Ritual + Bücher
09.48 – 10.16 Uhr	Erarbeitung	• SuS arbeiten an dem Übungszirkel weiter	Innerhalb des Übungszirkels wiederholen, üben und festigen die SuS Anwendung zu proportionalen und linearen Funktionen zur Vorbereitung auf die nächste Klassenarbeit.	Einzelarbeit / Partnerarbeit	Übungszirkel
10.16 – 10.23 Uhr	Sicherung	• Eine Aufgabe aus dem Übungszirkel wird gemeinsam an der Tafel besprochen. • Reflexion: SuS sollen anhand der Daumenprobe die eingeführten Tippkarten sowie die Reflexion auf den Laufzetteln beurteilen. *„Empfandet ihr die Tippkarten als hilfreich?" „Hilft euch die Reflexion auf den Laufzetteln?"*	Die gewählte Aufgabe behandelt elementare Fragen oder Probleme, die bei den SuS während der Bearbeitung aufgetreten sind oder eine aus Station „Funktionsgleichung erstellen II" Durch die Reflexion erhält L eine Rückmeldung zu den eingeführten Methoden.	Unterrichtsgespräch	Tafel
10.23 – 10.25 Uhr	Abschluss	• L sagt die Hausaufgaben an (Aufgaben aus dem Übungszirkel) • L verabschiedet SuS • SuS stellen Sitzordnung wieder her und sammeln die Stationen ein			

Station „Der Funktionsbegriff"

Aufgabe 1 (6 Wahlaufgaben): *Sind die Zuordnungen Funktionen? Begründe deine Meinung!*

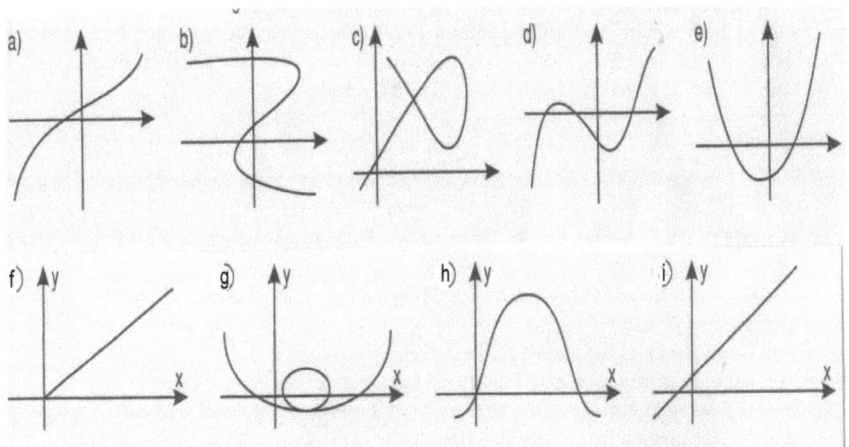

Aufgabe 2 (4 Wahlaufgaben): *Sind die Zuordnungen Funktionen? Wenn ja, proportional oder linear? Begründe deine Meinung!*

a) $y = 2x + 2$ b) $y = 20 + 4x$ c) $y = 4,35x$

d) $y = 36$ e) $y = 3,2z$ f) $y = x + 4$

g) $y = x$ h) $y = 5,2x + 2,1x + 45$

Aufgabe 3 (5 Wahlaufgaben): *Sind die Zuordnungen Funktionen? Begründe deine Meinung!*
a) Anzahl der Getränkeflaschen → Preis
b) Körpergröße eines Menschen → Lebensalter
c) Seitenlänge eines Quadrats → Flächeninhalt des Quadrats
d) Zahl → Zweifaches der Zahl
e) Auto → Autofarbe
f) Tankstelle → Spritpreis
g) Entfernung → Taxikosten
h) Entfernung → Preis für Bahnticket

Aufgabe 4 (Pflichtaufgabe): *Formuliere jeweils zwei eigene Beispiele aus dem Alltag für...*
a) ... eine Zuordnung, die keine Funktion ist.
b) ... eine Zuordnung, die eine Funktion ist.

Lösung Station „Der Funktionsbegriff"

Aufgabe 1

a) Ja, es ist eine Funktion, weil jedem x-Wert genau ein y-Wert zugeordnet werden kann.

b) Nein, es ist keine Funktion, weil nicht jedem x-Wert genau ein y-Wert zugeordnet werden kann.

c) Nein	d) Ja	e) Ja	f) Ja (proportional)
g) Nein	h) Ja	i) Ja (linear)	

Aufgabe 2

a) Ja, es ist eine lineare Funktion, da die Steigung m = 2 und der y-Achsenabschnitt b = 2 gegeben sind.

b) Ja, es ist eine lineare Funktion, da die Steigung m = 4 und der y-Achsenabschnitt b = 20 gegeben sind.

c) Ja, es ist eine proportionale Funktion, da die Steigung m = 4,35 gegeben ist und der Graph durch den Ursprung, also b = 0, geht.

d) Nein, es ist keine Funktion, weil die Steigung m nicht gegeben ist.

e) Nein, es ist keine Funktion, weil eine Funktionsgleichung die Variable x vorgibt.

f) Ja, es ist eine lineare Funktion, da die Steigung m = 1 und der y-Achsenabschnitt b = 4 gegeben sind.

g) Ja, es ist eine proportionale Funktion, da die Steigung m = 1 gegeben ist und der Graph durch den Ursprung geht.

h) Ja, es ist eine lineare Funktion, weil die beiden Terme 5,2x und 2,1x addiert werden können. Somit sind die Steigung m = 7,3 und y-Achsenabschnitt b = 45 gegeben.

Aufgabe 3

a) Nein, es ist keine Funktion, weil Getränkeflaschen verschiedene Preise haben können. So zahlt man beispielsweise für 10 Flaschen Wasser weniger als für 10 Flaschen Apfelsaft.

b) Nein, da zwei Menschen der gleichen Größe unterschiedlich alt sein können.

c) Ja, es ist eine Funktion, denn wenn sich die Seitenlänge des Quaders verändert, verändert sich auch sein Flächeninhalt.

d) Ja, denn wenn eine bestimmte Zahl mit dem Faktor 2 multipliziert wird, kann nur ein Ergebnis herauskommen, nämlich Zahl · 2.

e) Nein, da beispielsweise alle Hersteller schwarze oder weiße Autos produzieren.

f) Nein, weil einige Tankstellen den gleichen Preis haben.

g) Ja, weil man für jeden Kilometer, den man mitfährt, einen bestimmten Betrag bezahlen muss.

h) Nein, da es beispielsweise spezielle Angebote gibt, die nicht kilometerabhängig sind.

Aufgabe 4

Überprüfe deine Ergebnisse, indem du einen Mitschüler an deinem Tisch deine Beispiele den Aufgaben zuordnen lässt.

Station „Graphen zeichnen"

Aufgabe 1 (6 Wahlaufgaben): *Es sind jeweils zwei Informationen über einen Graphen gegeben. Zeichne die Graphen in ein Koordinatensystem.*

a) b = 1,5 und P(1 | 2)   d) R(-1,5 | -1) und S(3 | 2)   g) parallel zu y = 1,5x + 1, A(2 | 6)

b) b = -2,5 und Q(-2,5 | 0)   e) T(-1 | 3) und U(0,5 | 1,5)   h) parallel zu y = $\frac{3}{4}$ x - 2, B(-4 | 0)

c) M(-2,5 | 1) und b = 0   f) V(-1 | -1,5) und W(3 | 0,5)   i) parallel zu y = - $\frac{1}{2}$ x - 1, C(4 | -6)

Aufgabe 2 (8 Wahlaufgaben): *Zeichne die Graphen der Funktionsgleichungen in ein Koordinatensystem und erläutere bei zwei Aufgaben deine Vorgehensweise.*

a) y = $\frac{3}{5}$ x + 2   e) y = 3x + 4   i) y = x + 2,5

b) y = $\frac{1}{3}$ x - 3   f) y = - 2x   j) y = x - 3,5

c) y = - $\frac{2}{5}$ x   g) y = - 4x - 1   k) y = x

d) y = $\frac{7}{2}$ x   h) y = 0,75x + 1   l) y = - x

Aufgabe 3 (Pflichtaufgabe): *Ordne die Funktionsgleichungen den Fragen zu. Begründe!*

a) Welche Graphen verlaufen durch den Ursprung?
b) Welche Graphen haben eine positive Steigung?
c) Welche Graphen verlaufen parallel zueinander?
d) Welche Graphen haben eine negative Steigung?

$Y_2 = -\frac{1}{2}x - 4,5$ $Y_1 = 2x$

$Y_3 = \frac{1}{2}x + 2$ $Y_4 = -0,5x$

$Y_5 = -2x$

Aufgabe 4 (Pflichtaufgabe): *Jana sind beim Zeichnen der Graphen Fehler unterlaufen. Suche und beschreibe sie.*

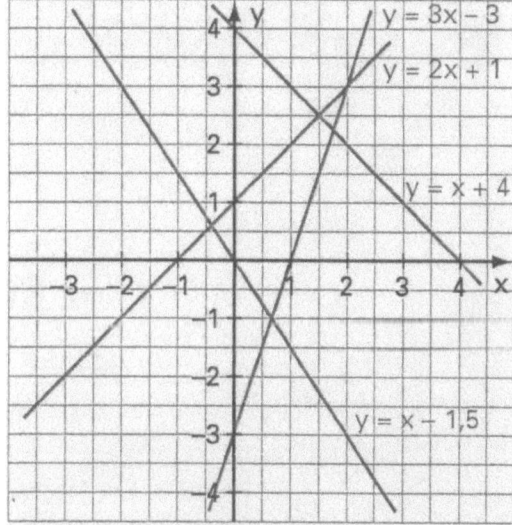

Lösung Station „Graphen zeichnen"

Aufgabe 2

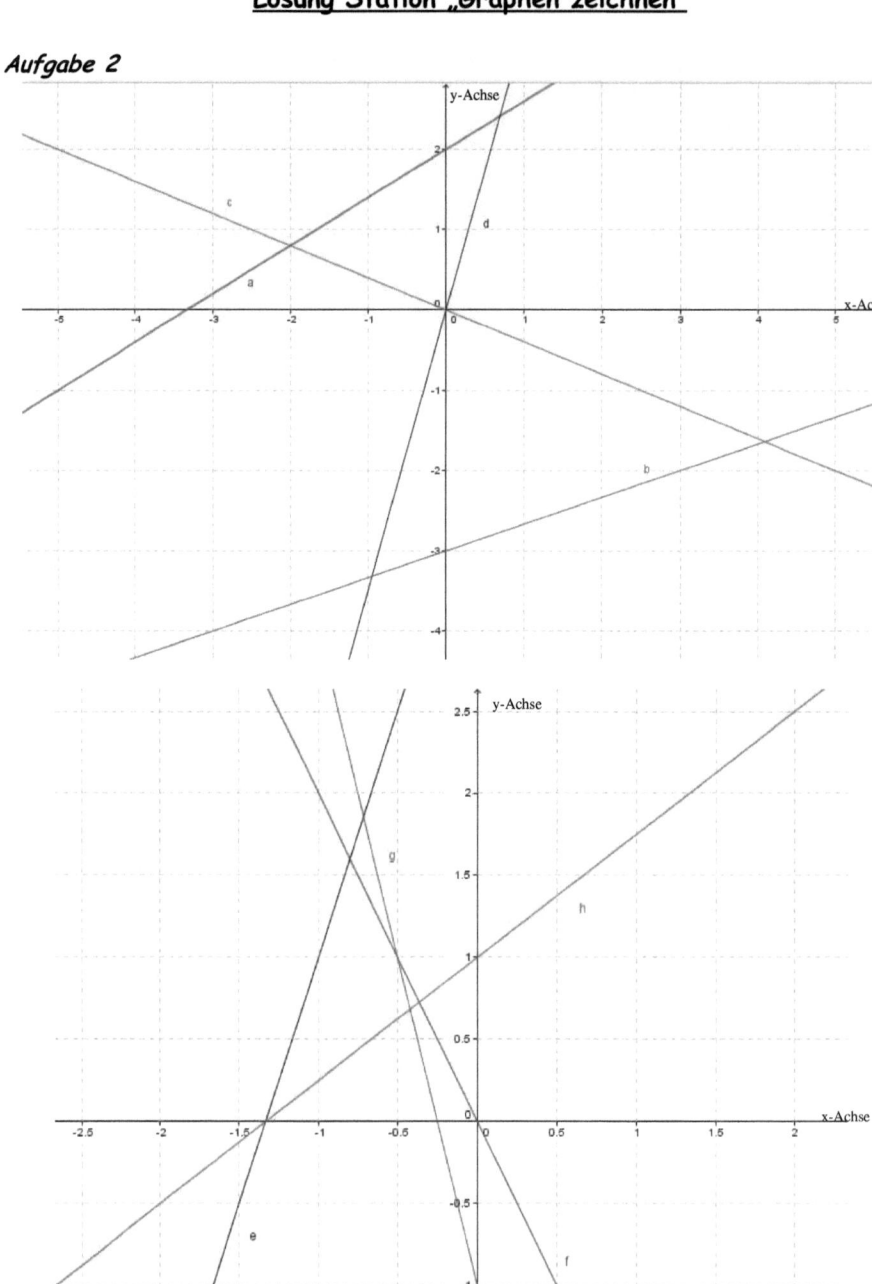

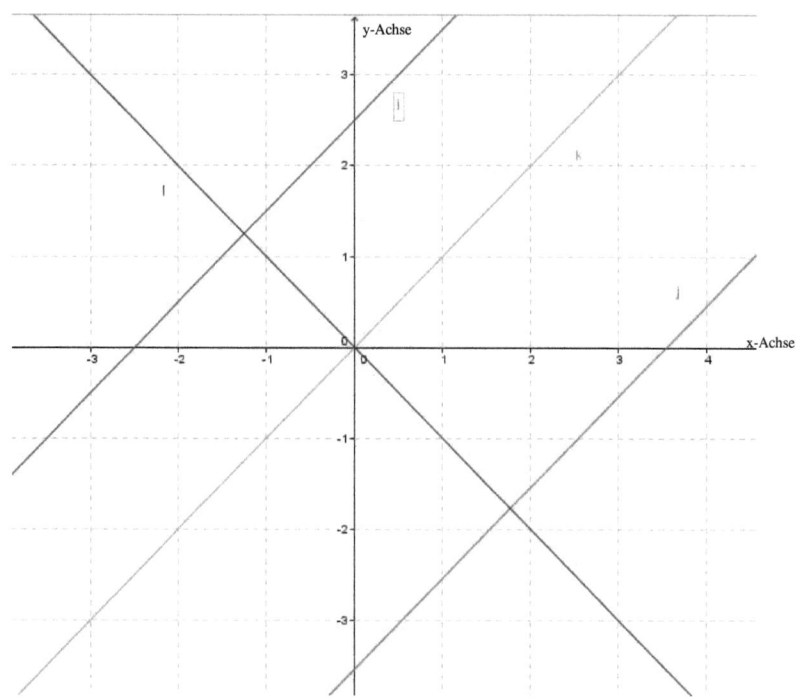

Aufgabe 1

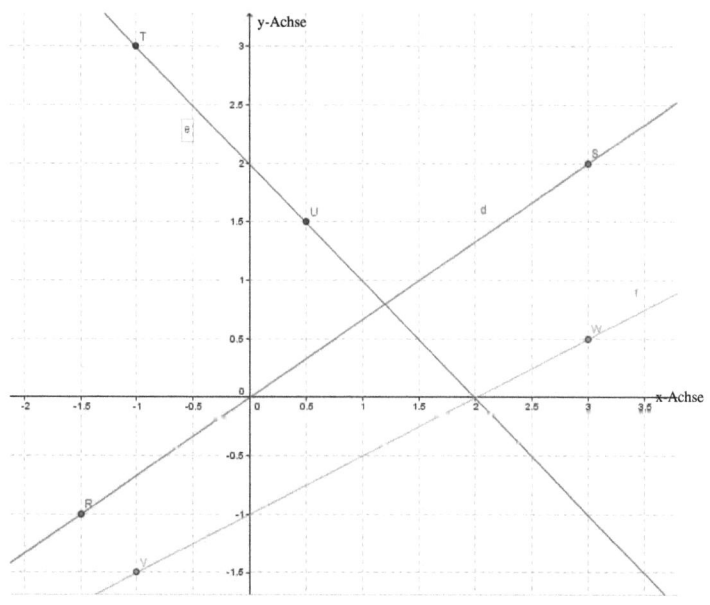

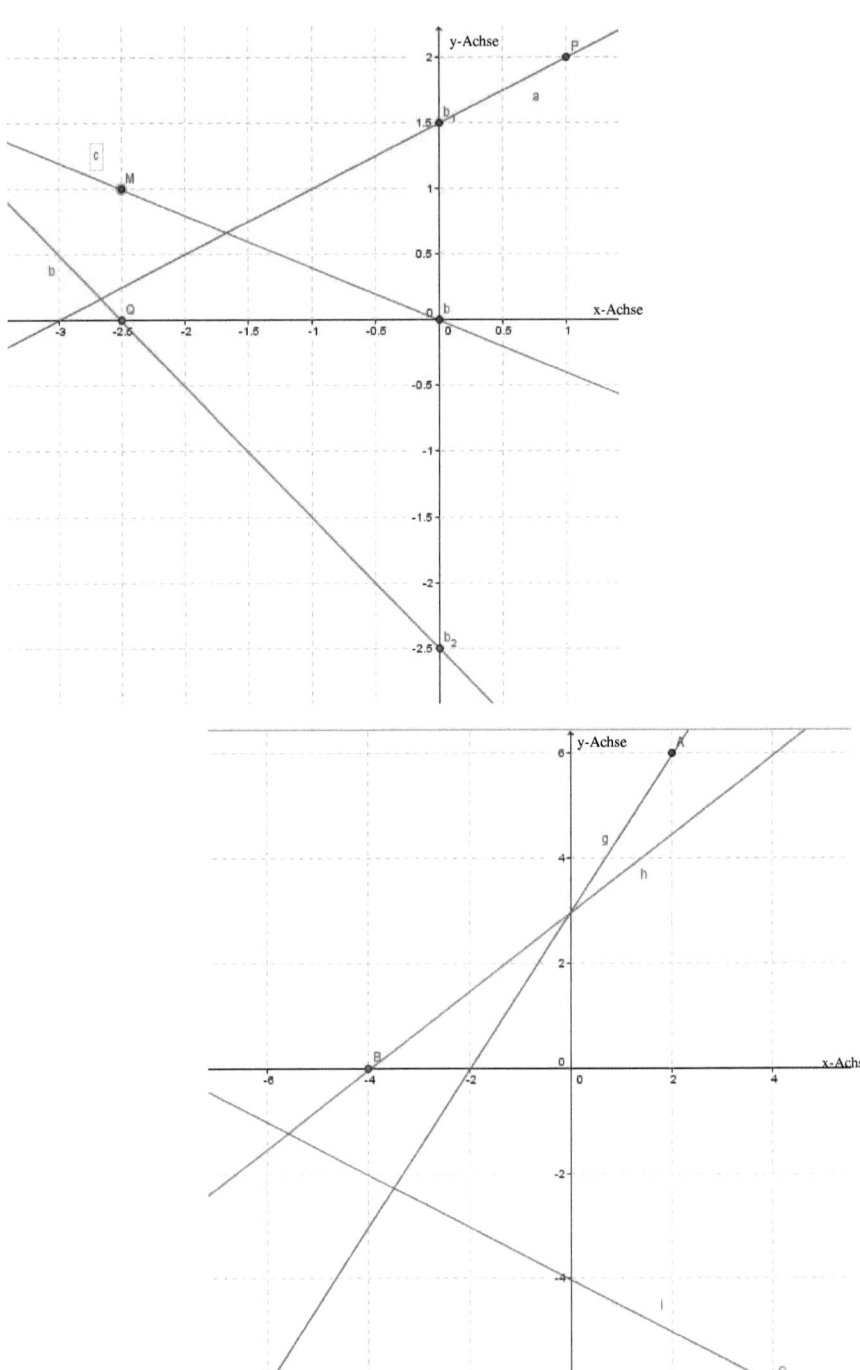

Aufgabe 3

a) Die Graphen y_1, y_4 und y_5 verlaufen durch den Ursprung.

b) Die Graphen y_1 und y_3 besitzen eine positive Steigung.

c) Die Graphen y_2 und y_4 sind parallel zueinander, da sie die gleiche Steigung besitzen.

d) Die Graphen y_2, y_4 und y_5 besitzen eine negative Steigung.

Aufgabe 4

Der Graph der Funktion $y = 3x - 3$ wurde richtig eingezeichnet.

Der Graph der Funktion $y = 2x + 1$ wurde nicht richtig eingezeichnet. Zwar wurde der y-Achsenabschnitt b = 1 richtig eingetragen, doch die Steigung des Graphen beträgt m = 1 und nicht wie vorgegeben m = 2. Also wurde das Steigungsdreieck falsch eingezeichnet.

Der Graph der Funktion $y = x + 4$ wurde nicht richtig eingezeichnet. Zwar wurde der y-Achsenabschnitt b = 4 richtig eingetragen, doch im Koordinatensystem ist ein fallender Graph eingezeichnet. Die Funktionsgleichung gibt jedoch eine positive Steigung an.

Der Graph der Funktion $y = x - 1,5$ wurde nicht richtig eingezeichnet. Der y-Achsenabschnitt des eingezeichneten Graphen liegt nicht wie vorgegeben bei b = -1,5, sondern bei b = 0. Auch das Steigungsdreieck wurde anschließend falsch eingetragen. Die Steigung des Graphen beträgt m = $\frac{3}{2}$ und nicht wie in der Funktionsgleichung m = 1.

Station „Funktionsgleichung erstellen I"

Aufgabe 1 (4 Wahlaufgaben): *Gib die Parameter m und b für die folgenden Funktionen an.*

a) $y = \frac{3}{4}x$ c) $y = 3x + 2,5$ e) $y = x + 4$

b) $y = -\frac{1}{3}x - 12,5$ d) $y = -5x + 4$ f) $y = -x$

Aufgabe 2 (6 Wahlaufgaben): *Ermittle aus den Graphen die Funktionsgleichungen!*

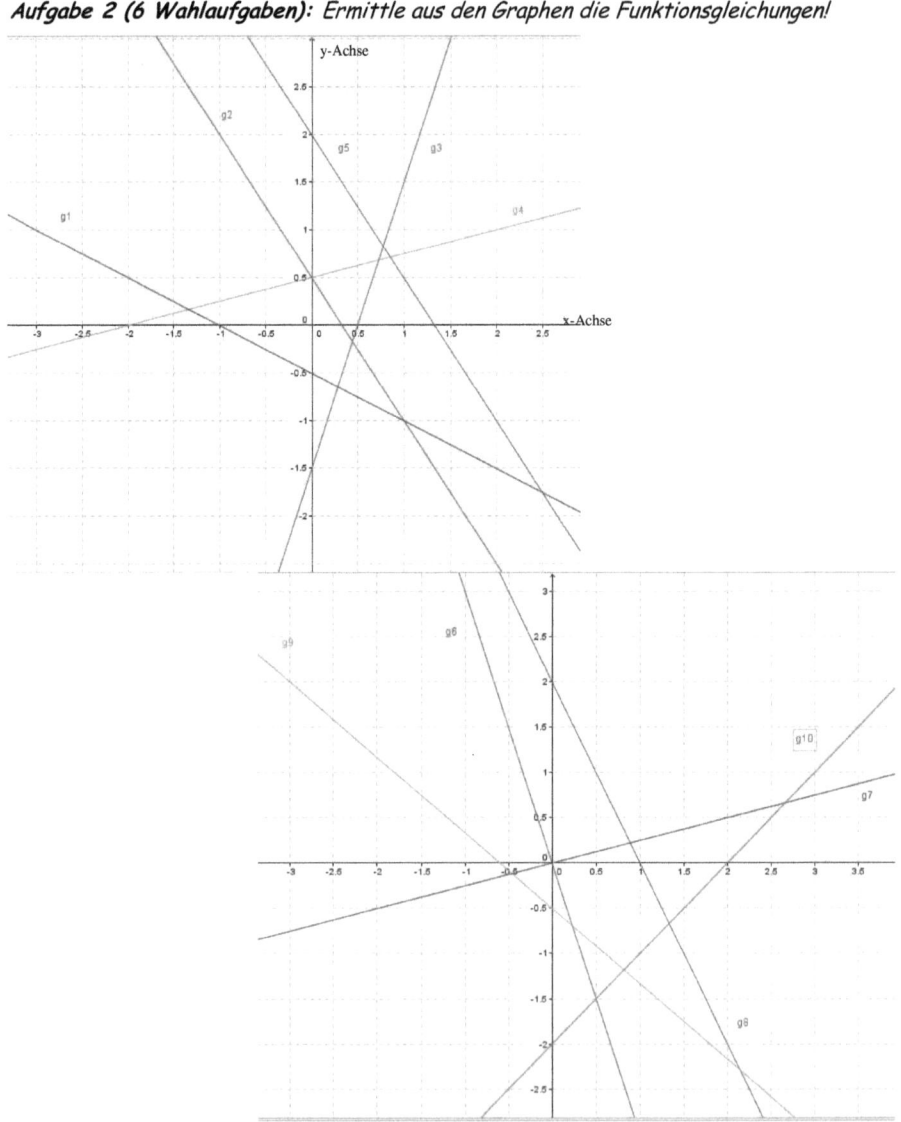

Aufgabe 3 (Pflichtaufgabe): *Ordne den Graphen ihre richtige Funktionsgleichung zu!*

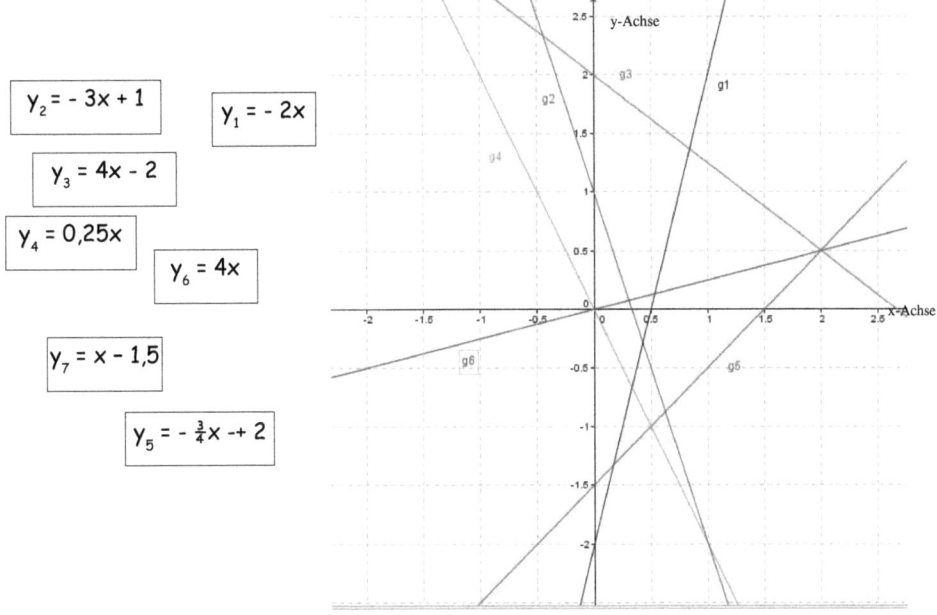

$y_2 = -3x + 1$

$y_1 = -2x$

$y_3 = 4x - 2$

$y_4 = 0,25x$

$y_6 = 4x$

$y_7 = x - 1,5$

$y_5 = -\frac{3}{4}x - + 2$

Aufgabe 4 (Pflichtaufgabe): *Benenne jeweils die Gemeinsamkeiten und Unterschiede der Graphen in dem Koordinatensystem. Begründe deine Antworten!*

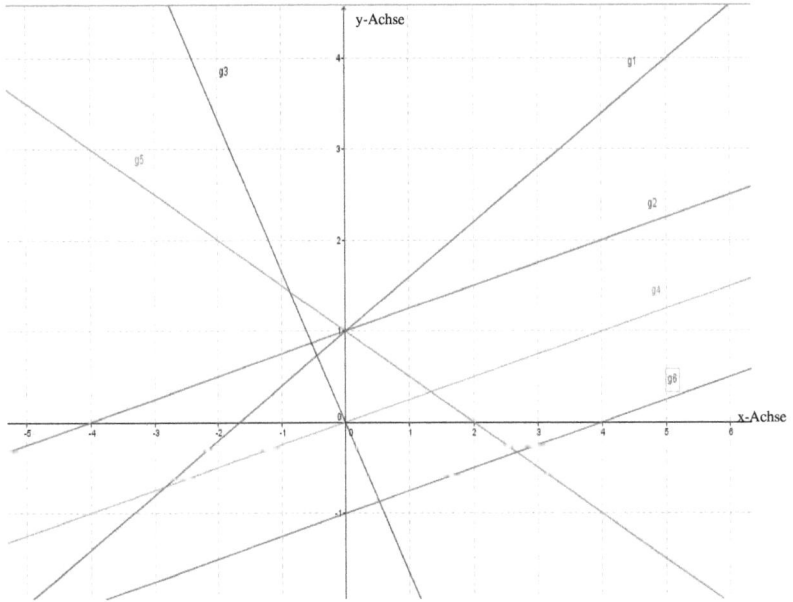

Aufgabe 1

a) $m = \frac{3}{4}$, $b = 0$
c) $m = \frac{3}{1}$, $b = 2,5$
e) $m = \frac{1}{1}$, $b = 4$

b) $m = -\frac{1}{3}$, $b = -12,5$
d) $m = -\frac{5}{1}$, $b = 4$
f) $m = -\frac{1}{1}$, $b = 0$

Aufgabe 2

g_1: $y = -\frac{1}{2}x - 0,5$
g_2: $y = -2x + 0,5$
g_3: $y = 3x - 1,5$

g_4: $y = \frac{1}{4}x + 0,5$
g_5: $y = -\frac{3}{2}x + 2$
g_6: $y = -3x$

g_7: $y = \frac{1}{4}x$
g_8: $y = -2x + 2$
g_9: $y = -\frac{5}{6}x - 0,5$

g_{10}: $y = x - 2$

Aufgabe 3

y_1 und g_4 y_2 und g_2 y_3 und g_1 y_4 und g_6

y_5 und g_3 y_6 kann keinem Graphen zugeordnet werden. y_7 und g_5

Aufgabe 4

Die Graphen g2, g4 und g6 verlaufen parallel zueinander, da sie die gleiche Steigung besitzen.

Die Graphen g1, g2 und g5 haben den gleichen y-Achsenabschnitt (b = 1).

Die Graphen g3 und g4 gehen beide durch den Ursprung (b = 0). Es sind also proportionale Funktionen.

Die Graphen g3 und g5 besitzen eine negative Steigung.

Die Graphen g1, g2 und g4 besitzen eine positive Steigung.

Station „Funktionsgleichung erstellen II"

Aufgabe 1 (Pflichtaufgabe): *Welcher Punkt liegt auf welchem Funktionsgraphen? Mache die Punktprobe!* A (-1 | -9)

B (6,5 | 1/5)

C (4 | 7)

D (-10 | 0)

E (2,5 | -4)

$y_1 = x - 5$

$y_2 = -2x + 1$

$y_3 = 3x - 6$

$y_4 = -2/5 x - 4$

Aufgabe 2 (4 Wahlaufgaben): Der Punkt P liegt auf dem angegebenen Funktionsgraphen. Berechne die fehlende Koordinate.

a) $y = -2x$ P(3 | y)   c) $y = 3x + 3$ P(-2,5 | y)   e) $y = -\frac{4}{3} x - 7$ P(-9 | y)

b) $y = \frac{1}{5} x + 2$ P(x | 1)   d) $y = -5x$ P(x | -2,5)   f) $y = \frac{3}{2} x - 3$ P(x | 1,5)

Aufgabe 3 (8 Wahlaufgaben): Es sind jeweils zwei Informationen über einen Graphen gegeben. Erstelle eine Funktionsgleichung.

a) b = 2   P (3 | 8)   e) m = -3   Q (2 | 2)   i) R(3 | 5)   S(5 | -1)

b) b = -1   P (2 | 5)   f) m = -$\frac{1}{2}$ Q (5 | -4)   j) R(-3 | -4)   S(1 | 2)

c) b = 4   P (2 | -2)   g) m = 4   Q (0 | 2)   k) R(3 | 9)   S(5 | 15)

d) b = -3   P (4 | -5)   h) m = $\frac{3}{4}$ Q (8 | 6)   l) R(2 | 6)   S(-1 | -3)

Lösung Station „Funktionsgleichung erstellen II"

Aufgabe 1

Punkt A liegt auf dem Graphen y_3, weil das Ergebnis der Punktprobe -9 = -9 lautet und das ist eine wahre Aussage.

Punkt B liegt auf der Graphen y_1, weil das Ergebnis der Punktprobe 1,5 = 1,5 lautet und das ist eine wahre Aussage.

Punkt C liegt auf keiner der Graphen.

Punkt D liegt auf der Graphen y_4, weil das Ergebnis der Punktprobe 0 = 0 lautet und das ist eine wahre Aussage.
Punkt E liegt auf der Graphen y_2, weil das Ergebnis der Punktprobe -4 = -4 lautet und das ist eine wahre Aussage.

Aufgabe 2

a) P(3 | - 6)   c) P(- 2,5 | - 4,5)   e) P(- 9 | 5)

b) P(- 5 | 1)   d) P(0,5 | - 2,5)   f) P(3 | 1,5)

Aufgabe 3

a) $y = 2x + 2$ e) $y = - 3x + 8$ i) $y = - 3x + 14$

b) $y = 3x - 1$ f) $y = - \frac{1}{2} x - 1,5$ j) $y = \frac{3}{2} x + 0,5$

c) $y = - 3x + 4$ g) $y = 4x + 2$ k) $y = 3x + 1$

d) $y = - \frac{1}{2} x - 3$ h) $y = \frac{3}{4} x$ l) $y = 3x$

Station „Modellieren"

Aufgabe 1 (Pflichtaufgabe): *Wie viele Stunden dürfen Techniker und Hilfskraft längstens arbeiten?*
Eine Computerfirma erstellt ein Angebot für einen Wartungsvertrag. Der Firmeninhaber hofft, für 3000 € den Zuschlag zu bekommen. Die Stundensätze betragen 70 € für einen Techniker und 40 € für eine Hilfskraft. Für Materialkosten werden 500 € kalkuliert. Die Fahrtkostenpauschale beträgt 250 €.

Aufgabe 2 (Pflichtaufgabe): Luisa und Simon wollen einen neuen Internetvertrag abschließen. Die beiden haben die Angebote von VodaTel, WestTel, HanseTel, SüdTel, TheinTel und OstTel zur Auswahl! Sie sind jedoch unsicher, für welchen sie sich entscheiden sollen.

WestTel	ElbeTel	HanseTel	VodaTel	SüdTel
Nur 5 € monatliche Grundgebühr 1,50 € pro Stunde	Nur 30 € monatliche Grundgebühr 0,20 € pro Stunde	KEINE MONATLICHE GRUNDGEBÜHR 3 € pro Stunde	Nur 10 € monatliche Grundgebühr 1 € pro Stunde	Nur 20 € monatliche Grundgebühr 0,50 € pro Stunde

a) Überlege dir, ohne eine Funktion zu erstellen, welcher Vertrag bei einem Internetverbrauch von 80 Stunden am günstigen ist. Begründe deine Meinung.
b) Stelle für jeden Tarif je eine Funktionsgleichung auf und zeichne die dazugehörigen Graphen in ein Koordinatensystem.
c) Finde heraus, welcher Vertrag bei welchem Internetverbrauch (in Stunden) am günstigsten ist?

* Aufgabe 3: Bearbeite die Aufgabe Taxitarif im Schulbuch auf S. 71.

Lösung Station „Modellieren"

Aufgabe 1

Techniker: 70 € pro Stunde
Helfer: 40 € pro Stunde

Fahrtkosten	+	Material	= feste Kosten
250 €	+	500 €	= <u>750 €</u>

Lösungsansatz über eine Gleichung. Die Variable x bezeichnet die Arbeitsstunden (As).

Budget =	Techniker · As	+	Helfer · As +	feste Kosten	
3000 =	70 · x	+	40 · x +	750	
3000 =		$x \cdot (70+40)$	+	750	| – 750
2250 =		$x \cdot (110)$			| : 110
<u>x</u>	$\approx 20{,}\overline{45}$				

<u>Antwortsatz:</u> Techniker und Hilfskraft dürfen jeweils längstens <u>20 Stunden</u> arbeiten.

Aufgabe 2

a) Bearbeite die komplette Aufgabe 2 und schaue anschließend, ob du mit deinen Überlegungen richtig lagst.

b)

VodaTel: $y = x + 10$

WestTel: $y = \frac{3}{2}\,x + 5$

HanseTel: $y = 3x$

SüdTel: $y = \frac{1}{2}x + 20$

ElbeTel: $y = \frac{1}{5}\,x + 30$

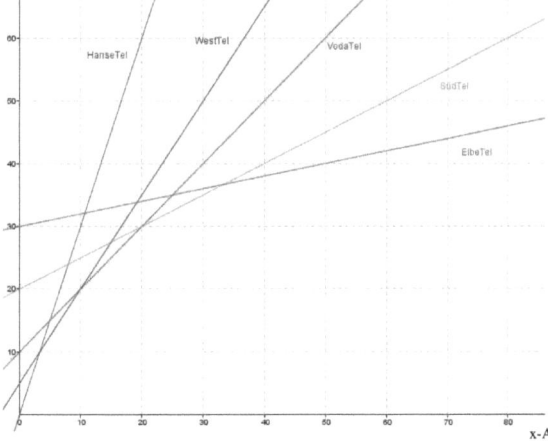

c)
Der **HanseTel** Vertrag ist der günstigste für Menschen, die einen sehr geringen Internetverbrauch haben, d.h. höchstens ca. 3 Stunden.
Der Vertrag von **WestTel** ist zwischen der ca. 3. und 10. Stunde am preiswertesten.
VodaTel ist bei einem Zeitdauer von 10 bis 20 Stunden mit am günstigsten.
Der Vertrag von **SüdTel** ist zwischen der 20. und ca. 33. Stunde am billigsten.
Für Viel-Internetnutzer bietet sich der Vertrag von **ElbeTel** an, da dieser ab einem Verbrauch von ca. 33 Stunden am preiswertesten ist.

* Aufgabe 3

a) Der Preis für die **Nachmittagsfahrt** beträgt:

Grundtarif + 12 · Arbeitstarif + $\frac{10}{60}$ · Zeittarif, also   2,40 €   +   12 · 1,50 €   + $\frac{1}{6}$ · 30 €   = 25,40 €

Der Preis für die **Nachtfahrt** beträgt:

    Grundtarif   +   12 · Arbeitstarif   + $\frac{2}{60}$ · Zeittarif,

also   2,40 €   +   12 · 1,70 €   + $\frac{1}{30}$ · 30 €   = 23,80 €

<u>Antwortsatz</u>: Frau Berg zahlt insgesamt <u>49,20 €</u>. Die Nachtfahrt ist 1,60 € günstiger. Das sind

$\frac{1,60}{25,40}$ · 100 = 6,3%. Die Nachtfahrt ist also <u>6,3%</u> billiger.

b) Die Fahrt berechnet sich durch:

    Grundtarif   +   km · Arbeitstarif   +   Zeittarif,

also   2,40 €   +   x · 1,50 €   +   9 €   = 36,90 €

Durch Auflösen der Gleichung nach x ergibt sich: <u>x = 17 km</u>. Betty hat also eine **Strecke** von 17 km mit dem Taxi zurückgelegt.

Die Wartezeit betrug 30 € · $\frac{x}{60}$ = 9 €

Durch Auflösen der Gleichung nach x ergibt sich: <u>x = 18 Minuten</u>. Betty hat also 18 Minuten auf das Taxi **warten** müssen.

Nach 22 Uhr kostet die Fahrt

    Grundtarif   +   km · Arbeitstarif   +   Zeittarif,

also   2,40 €   +   17 · 1,70 €   +   4,50 €   = 35,80 €

<u>Antwortsatz</u>: Betty würde für diese Fahrt nach 22Uhr und der Hälfte ihrer Wartezeit <u>35,80 €</u> zahlen.

c) Problematisch ist, dass in der Funktionsgleichung weder die Kilometeranzahl noch die Wartezeit festgelegt sind. Man hat also zwei Variablen.

    Grundtarif   +   km · Arbeitstarif   + $\frac{z}{60}$ · Zeittarif,

also   2,40 €   +   x · 1,90 €   + $\frac{z}{60}$ · 30 €   = y

, dabei ist x die Kilometeranzahl (in km), z die Wartezeit (in Minuten) und y der Preis.